新雅

幼稚園常識及綜合科學練習

幼兒班 上

U0108542

新雅文化事業有限公司
www.sunya.com.hk

編旨

《新雅幼稚園常識及綜合科學練習》是根據幼稚園教育課程指引編寫，旨在提升幼兒在不同範疇上的認知，拓闊他們在常識和科學上的知識面，有助衛接小學人文科及科學科課程。

⭐ **本書主要特點：**

·內容由淺入深，以螺旋式編排

本系列主要圍繞幼稚園「個人與羣體」、「大自然與生活」和「體能與健康」三大範疇，設有七大學習主題，主題從個人出發，伸展至家庭與學校，以至社區和國家，循序漸進的由內向外學習。七大學習主題會在各級出現，以螺旋式組織編排，內容和程度會按照幼兒的年級層層遞進，由淺入深。

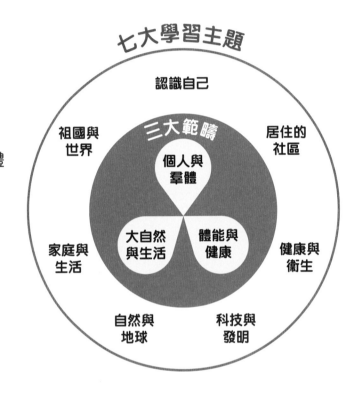

七大學習主題

認識自己

祖國與世界

居住的社區

三大範疇

個人與羣體

大自然與生活　體能與健康

家庭與生活

健康與衛生

自然與地球

科技與發明

·明確的學習目標

每個練習均有明確的學習目標，使教師和家長能對幼兒作出適當的引導。

·課題緊扣課程框架，幫助衛接小學人文科

每冊練習的大部分主題均與人文科六個學習範疇互相呼應，除了鼓勵孩子從小建立健康的生活習慣，促進他們人際關係的發展，還引導他們思考自己於家庭和社會所擔當的角色及應履行的責任，從而加強他們對社會及國家的關注和歸屬感。

· 設親子實驗，從實際操作中學習，幫助銜接小學科學科

配合小學 STEAM 課程，本系列每冊均設有親子實驗室，讓孩子在家也能輕鬆做實驗。孩子「從做中學」（Learning by Doing），不但令他們更容易理解抽象的科學原理，還能加深他們學新知識的記憶，並提升他們學習的興趣。

· 配合價值觀教育

部分主題會附有「品德小錦囊」，配合教育局提倡的十個首要培育的價值觀和態度，讓孩子一邊學習生活、科學上的基礎認知，一邊為培養他們的良好品格奠定基礎。

品德小錦囊

以關心、有愛的行為對待弟妹，建立和諧的關係，便是關愛的表現！

· 內含趣味貼紙練習

每冊都包含了需運用貼紙完成的趣味練習，除了能提升孩子的學習興趣，還能訓練孩子的手部小肌肉，促進手眼協調。

3

K1-K3 學習主題

學習主題＼年級		K1	K2	K3
認識自己	**我的身體**	1. 我的臉蛋 2. 神奇的五官 3. 活力充沛的身體	1. 靈敏的舌頭 2. 看不見的器官	1. 支撐身體的骨骼 2. 堅硬的牙齒 3. 男孩和女孩
	我的情緒	4. 多變的表情	3. 趕走壞心情	4. 適應新生活 5. 自在樂悠悠
健康與衛生	**個人衛生**	5. 儀容整潔好孩子 6. 洗洗手，細菌走	4. 家中好幫手	6. 我愛乾淨
	健康飲食	7. 走進食物王國 8. 有營早餐	5. 一日三餐 6. 吃飯的禮儀	7. 我會均衡飲食
	日常保健	－	7. 運動大步走 8. 安全運動無難度	8. 休息的重要

學習主題＼年級		K1	K2	K3
家庭與生活	家庭生活	9. 我愛我的家 10. 我會照顧家人 11. 年幼的弟妹 12. 我的玩具箱	9. 我的家族 10. 舒適的家	9. 爸爸媽媽，請聽我說 10. 做個盡責小主人 11. 我在家中不搗蛋
	學校生活	13. 我會收拾書包 14. 來上學去	11. 校園的一角 12. 我的文具盒	12. 我會照顧自己 13. 不同的校園生活
	出行體驗	15. 到公園去 16. 公園規則要遵守 17. 四通八達的交通	13. 多姿多彩的暑假 14. 獨特的交通工具	14. 去逛商場 15. 乘車禮儀齊遵守 16. 讓座人人讚
	危機意識	18. 保護自己 19. 大灰狼真討厭！	15. 路上零意外	17. 欺凌零容忍 18. 我會應對危險
自然與地球	天象與季節	20. 天上有什麼？ 21. 變幻的天氣 22. 交替的四季 23. 百變衣櫥	16. 天氣不似預期 17. 夏天與冬天 18. 初探宇宙	19. 我會看天氣報告 20. 香港的四季

K1-K3 學習主題

學習主題＼年級		K1	K2	K3
自然與地球	動物與植物	24. 可愛的動物 25. 動物們的家 26. 到農場去 27. 我愛大自然	19. 動物大觀園 20. 昆蟲的世界 21. 生態遊蹤 22. 植物放大鏡 23. 美麗的花朵	21. 孕育小生命 22. 種子發芽了 23. 香港生態之旅
	認識地球	28. 珍惜食物 29. 我不浪費	24. 百變的樹木 25. 金屬世界 26. 磁鐵的力量 27. 鮮豔的回收箱 28. 綠在區區	24. 瞬間看地球 25. 浩瀚的宇宙 26. 地球，謝謝你！ 27. 地球生病了
科技與發明	便利的生活	30. 看得見的電力 31. 船兒出航 32. 金錢有何用？	29. 耐用的塑膠 30. 安全乘搭升降機 31. 輪子的轉動	28. 垃圾到哪兒？ 29. 飛行的故事 30. 光與影 31. 中國四大發明 （造紙和印刷） 32. 中國四大發明 （火藥和指南針）
	資訊傳播媒介	33. 資訊哪裏尋？	32. 騙子來電 33. 我會善用科技	33. 拒絕電子奶嘴
居住的社區	社區中的人和物	34. 小社區大發現 35. 我會求助 36. 生病記 37. 勇敢的消防員	34. 社區設施知多少 35. 我會看地圖 36. 郵差叔叔去送信 37. 穿制服的人們	34. 社區零障礙 35. 我的志願

學習主題＼年級		K1	K2	K3
居住的社區	認識香港	38. 香港的美食 39. 假日好去處	38. 香港的節日 39. 參觀博物館	36. 三大地域 37. 本地一日遊 38. 香港的名山
	公民的責任	40. 整潔的街道	40. 多元的社會	—
祖國與世界	傳統節日和文化	41. 新年到了！ 42. 中秋慶團圓 43. 傳統美德（孝）	41. 端午節划龍舟 42. 祭拜祖先顯孝心 43. 傳統美德（禮）	39. 傳統美德（誠） 40. 傳統文化有意思
	我國地理面貌和名勝	44. 遨遊北京	44. 暢遊中國名勝	41. 磅礴的大河 42. 神舟飛船真厲害
	建立身份認同	—	45. 親愛的祖國	43. 國與家，心連心
	認識世界	45. 聖誕老人來我家 46. 色彩繽紛的國旗	46. 環遊世界	44. 整裝待發出遊去 45. 世界不細小 46. 出國旅遊要守禮

目錄

我的臉蛋

我們臉上各部分的名稱分別是什麼？請把適當的字詞貼紙貼在 [_____] 內。

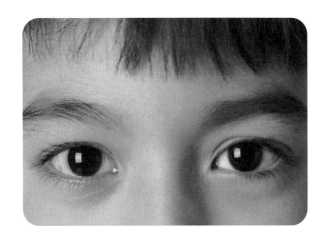

[_____]

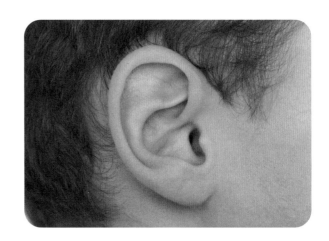

[_____]

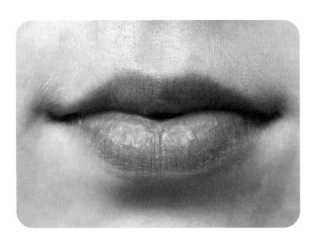

[_____]

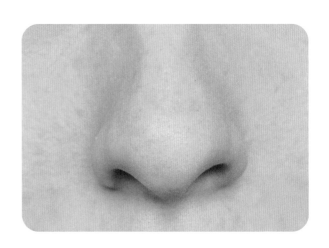

[_____]

總結 ✏️

我們臉上有不同的部分，分別是眼睛、鼻子、耳朵和嘴巴。每個人的臉蛋都不一樣，我們照照鏡子就可以看到自己的臉蛋了。

眼睛、耳朵、鼻子和嘴巴分別在臉上什麼位置呢？請把貼紙貼在適當的位置上。

神奇的五官

以下各身體部分能用來做什麼？請連一連。

吃東西

聽音樂

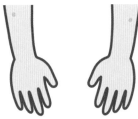

嗅花香

看圖書

玩積木

總結 ✏️

我們會運用身體的五官來認識周邊的環境：👀 用來看東西，👃 用來嗅氣味，👂 用來聽聲音，👄 用來吃東西和説話，🖐️🖐️ 用來觸摸物品和感受溫度。五官十分重要，我們要好好保護它們。

我們做什麼可以保護五官？請分辨出這些好行為，並在 ☐ 內加 ✓。

多看綠色植物 ☐

把玩具塞進耳朵或鼻子裏 ☐

在陽光下戴上太陽眼鏡 ☐

聽到噪音時掩着雙耳 ☐

到沙灘時塗上太陽油 ☐

每天早晚認真刷牙 ☐

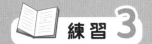

活力充沛的身體

以下的身體部位的名稱是什麼？請把正確的字詞圈起來。

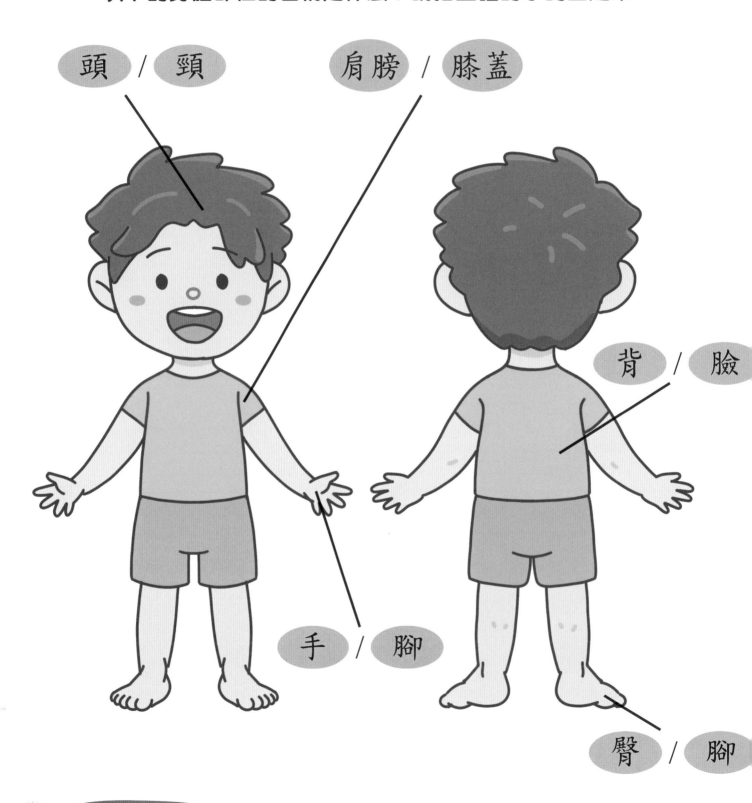

頭 / 頸

肩膀 / 膝蓋

背 / 臉

手 / 腳

臀 / 腳

總結

我們的身體有不同的部位。生活中，我們常常依賴手和腳來做各種各樣的事情，例如我們會用手拿東西、寫字；用腳來走路、跑步等。

哪些活動是用手完成的，哪些動作是用腳完成的？請連一連。

手　　腳

多變的表情

以下的孩子有着怎樣的表情？請把正確的字詞圈起來。

開心 / 傷心

生氣 / 傷心

開心 / 生氣

害怕 / 傷心

總結 ✏️

　　開心、傷心、生氣和害怕都是常見的情緒，我們會因為不同的情緒而露出不同的表情，例如開心時我們會掛起笑容；傷心時，我們會哭泣。

以下的事情發生時，圖中的孩子會有什麼情緒呢？請把適當的貼紙貼在 ☐ 內。

玩耍時

跌倒時

跟人爭吵時

初初嘗試自己睡覺時

儀容整潔好孩子

清潔身體的不同部位分別需要哪些清潔用品呢？請連一連。

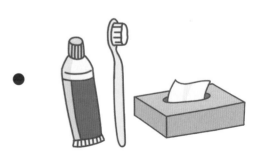

總結

我們長大了，要好好保持個人衛生。我們每天會用不同的物品來清潔自己，例如我們洗手時會用洗手液、刷牙時會用牙膏和牙刷、洗澡時會用洗髮水和淋浴露等。

哪些物品可以幫助我們保持個人衛生？請把這些物品圈起來。
（提示：共 4 款）

洗洗手，細菌走

你知道怎樣洗手嗎？請按洗手的步驟把以下圖片順序排列。

☐ 用水沖洗乾淨

1 用水弄濕雙手

☐ 用抹手紙關上水
龍頭

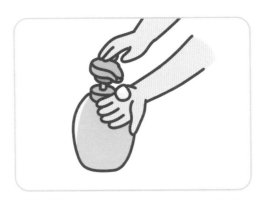

☐ 加入梘液，揉搓
雙手最少 20 秒

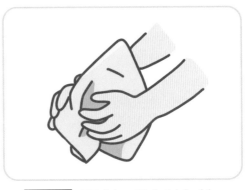

☐ 用抹手紙抹乾
雙手

總結

我們用雙手進行各種各樣的活動，手部容易沾上細菌或病毒，它們可能會隨着我們揉眼、進食等行為走進身體裏，令我們生病，所以我們要經常洗手。

我們做什麼事情之前或之後需要洗手呢？請分辨出這些事情，並在☐內加✓。

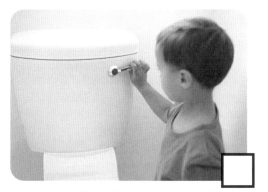

按馬桶冲水開關後 ☐

吃東西前 ☐

擤鼻涕後 ☐

丟垃圾後 ☐

睡覺前 ☐

觸摸動物後 ☐

走進食物王國

以下各種食物的名稱是什麼？請把圖片和字詞連一連。

 ●

● 蔬菜

 ●

● 水果

 ●

● 米飯

 ●

● 肉類

總結

　　我們每天除了要吃不同的食物來讓身體成長，也要喝足夠的水。水能讓我們維持正常的生理機能、排走廢物和預防便秘，我們要多喝水呢！

男孩口渴了，他應該喝什麼？請幫助他走出迷宮，並找出健康的飲料。

可樂

盒裝飲品

水

有營早餐

以下早餐食物的名稱是什麼？請把正確的字詞圈起來。

麵包 / 蛋糕

煎蛋 / 水煮蛋

牛奶 / 果汁

穀物 / 白粥

總結 ✏️

　　早餐很重要，它為我們提供學習和進行活動的能量。早餐食物要有合理的搭配，包括穀物、高蛋白質食物和蔬果，同時配以水或牛奶等健康飲料。

早餐要包含什麼種類的食物呢？請把貼紙貼在適當的位置上。

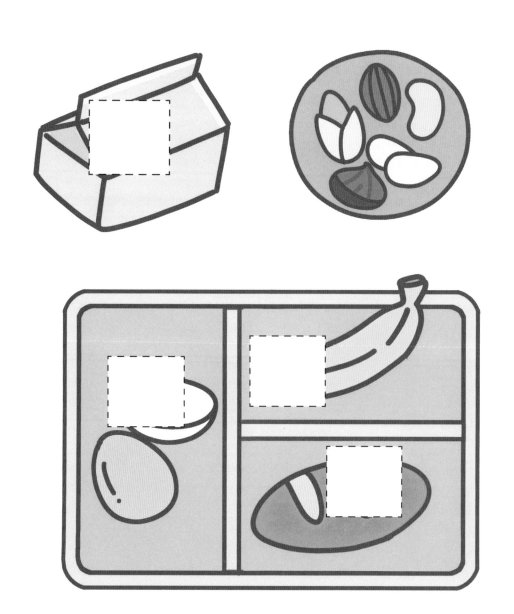

我愛我的家

以下是思晴跟家人的合照,她會怎樣稱呼他們?請把適當的貼紙貼在 [____] 內。

思晴

總結 ✏️

我們跟家人一起生活，爸爸媽媽會照顧我們，兄弟姐妹會跟我們一起學習和玩耍。我們要孝順爸媽，也要跟兄弟姐妹和睦相處。

家人會一起做哪些事情呢？請把你參與過的家庭活動，在☐內加✓。

野餐 ☐

吃飯 ☐

踏單車 ☐

購物 ☐

家庭遊戲 ☐

旅行 ☐

我會照顧家人

家人需要哪些物品？請按照他們的衣著，幫助他們走出迷宮，並找回他們需要的物品。

總結

　　家人都各自有負責的工作和應有的責任。作為家中的一員，我們要好好上學、努力學習，做好自己的本份，不給家人添麻煩。

家中的成員分別需要做什麼事情？請連一連。

上學

工作

●

●

●

●

爸爸和媽媽　　我和兄弟姊妹

●

●

●

●

煮食

收拾玩具

品德小錦囊

努力完成自己的本份，主動思考如何把事情做好，貫徹承擔精神！

年幼的弟妹

以下哪些物品是嬰兒使用的？請把這些物品填上顏色。

總結

弟弟和妹妹比我們年紀小，所以爸爸媽媽會花較多時間去照顧他們，我們要懂得體諒。除了跟弟弟妹妹好好相處，作為哥哥姐姐，也嘗試好好照顧他們吧！

當我們對弟弟妹妹做以下的行為，哪些是友善的，哪些是不友善的？友善的，請把 👍 貼紙貼上；不友善的，請把 👎 貼紙貼上。

跟弟弟妹妹一起玩

擁抱弟弟妹妹

欺負弟弟妹妹

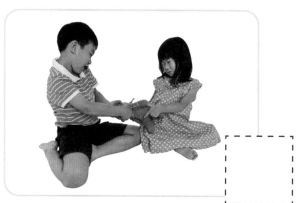

搶弟弟妹妹的玩具

品德小錦囊

以關心、有愛的行為對待弟妹，建立和諧的關係，便是關愛的表現！

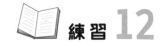
我的玩具箱

這些玩具的名稱分別是什麼？請把圖片和字詞連一連。

　　　　　·　　　　　·　洋娃娃

　　　　　·　　　　　·　積木

　　　　　·　　　　　·　搖搖

　　　　　·　　　　　·　玩具車

總結

玩具有不同的種類，例如洋娃娃、積木和搖搖等。我們要好好珍惜玩具，每次玩完玩具後，也要記得好好收拾啊！

思朗還有一輛玩具車、一把玩具結他和一個洋娃娃，它們應該放在玩具架的哪一層？請把貼紙貼在適當的位置上。

我會收拾書包

上學要帶上哪些物品呢？請把這些物品圈起來

幼稚園工作紙

小手帕

水壺

糖果

皮球

茶點盒

總結

我們上學會使用各種各樣的物品例如茶點盒、水壺和功課等等，記得每天要收拾書包，才不會忘記帶所需要的物品呢！

以下的物品在什麼時候使用？請連一連。

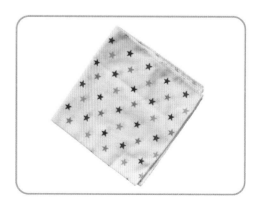

來上學去

進行以下學校活動時，我們需要運用什麼物品呢？請把貼紙貼在適當的位置上。

總結

　　在幼稚園，我們會跟老師和同學做不同的活動，例如上唱遊課、閱讀課，進行體力活動和吃茶點等等。進行活動時，我們要聽從老師指示，好好遵守規則呢。

當我們在幼稚園上課時，以下哪些行為是正確的，哪些是不正確的？正確的，請把 👍 紙貼上；不正確的，請把 👎 貼紙貼上。

上課時跟同學聊天

回答老師的問題

搶同學的玩具

跟同學合作做手工

品德小錦囊

我們不能只顧自己，不管別人。體貼考慮他人的感受，便是**尊重他人**。

到公園去

思朗今天到公園去,他使用了什麼設施?請按照他的描述,畫出他的路線。

我今天先到兒童遊樂場去玩,玩累了我就先去小食亭買點零食,然後到涼亭去休息一下,最後便回家去。

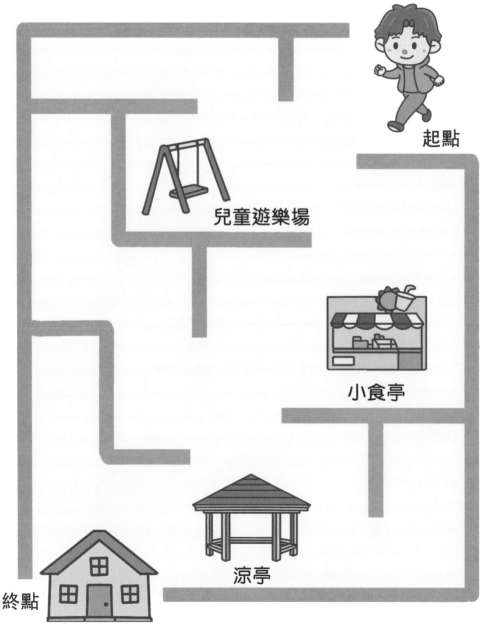

總結

公園裏有不同的設施，例如兒童遊樂場、涼亭和洗手間等等。我們可以按需要使用這些設施，使用時要多注意安全。

這些兒童遊樂場的設施名稱分別是什麼？請把圖片和字詞連一連。

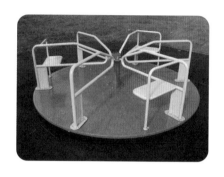　　　●　　　　　●　鞦韆

　　　●　　　　　●　滑梯

　　　●　　　　　●　團團轉

　　　●　　　　　●　蹺蹺板

公園規則要遵守

圖中的人違反了公園哪些規則？請把對應的公園標誌貼在⸢ ⸥內。

品德小錦囊

公園是公共設施，我們要學會遵守規則，慢慢建立守法意識。

總結

公園裏的設施是所有人都能使用
的，所以我們要遵守使用這些設施的規
則，好好愛護這些公共設施。

**公園裏的設施應該怎樣使用？請圈出兩幅圖的不同之處（提
示：共 4 處），然後判斷哪一幅圖中的孩子在正確使用設施，
並在▢內加√。**

四通八達的交通

以下交通工具的名稱是什麼？請把正確的字詞圈起來。

的士 / 巴士

列車 / 電車

渡輪 / 渡輪

直昇機 / 飛機

總結

我們出門時，會乘搭各種各樣的交通工具來到達不同的目的地，例如陸地上行駛的巴士、海上行駛的輪船和空中行駛的飛機等。

當我們乘搭交通工具時，以下哪些行為是正確的，哪些是不正確的？正確的，請把 👍 貼紙貼上；不正確的，請把 👎 貼紙貼上。

排隊上車

讓座給長者

佔據多於一個座位

大聲說話

品德小錦囊

乘搭交通工具時，我們不要吵到別人，或佔據多一個位座位。我們要多考慮和顧及別人，秉持同理心。

保護自己

圖中哪些孩子可能遇上危險？請把他們圈起來。（提示：共3處）

總結 ✏️

　　我們要學會好好保護自己，不要做出危險的行為。當遇上危險的時候，我們要立即遠離危險，並在安全的情況下向信任的人求助。

如果遇上緊急的危險情況，我們該怎麼辦？請分辨出這些適當的處理方法，並在☐內加✓。

自行嘗試解決 ☐

向信任的人求助 ☐

大哭 ☐

馬上遠離危險 ☐

大灰狼真討厭！

我們在日常生活中會遇到不同的人，請判斷以下行為：友善的請把 👍 貼紙貼上；不友善的，請把 👎 貼紙貼上。

被陌生人拖手

被途人問路

鄰居跟你打招呼

被不認識的人親吻

被陌生人跟隨

獲得途人的幫助

總結 ✏️

當陌生人向我們作出不友善的行為或提出令人不舒服的要求時，我們應該提高警覺。這時候，我們要懂得拒絕，並告訴或求助於信任的人。

如果陌生人跟我們說以下的話，我們該怎樣回答？請選出正確的對話，並在☐內加✓。

我送你糖果，跟姨姨一起去公園玩，好嗎？

☐ 我不去，我不認識你。
☐ 好啊！我最愛到公園去玩了！

我是你爸爸的好朋友，今天約好要上門造訪，請告訴我你家地址。

☐ 好的，我告訴你地址。
☐ 請稍等，我跟爸爸確認一下。

天上有什麼？

以下在天空出現的東西是什麼？請把圓點由 1 至 20 連起來，然後判斷圖中的東西通常在哪個時候出現，圈出正確的答案。

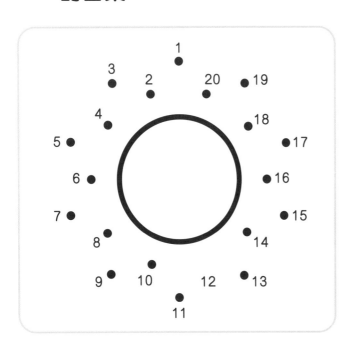

這是 太陽 / 月亮，會出現在 白天 / 黑夜 裏。

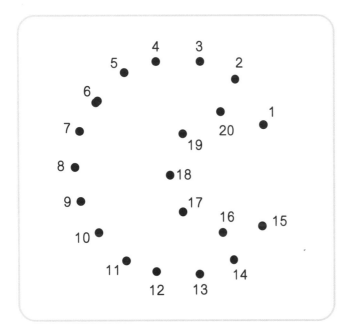

這是 太陽 / 月亮，會出現在 白天 / 黑夜 裏。

總結 ✏️

　　白天時，太陽帶來了陽光，使我們能看見事物，人們通常會都出來活動。黑夜時，只有月亮在天空中。我們要打開街燈才看見道路，人們通常會留在家裏。

我們會在什麼時候進行以下的活動？早上進行的，請把 ◯ 貼紙貼上；晚上進行的，請把 🌙 貼紙貼上。

上學

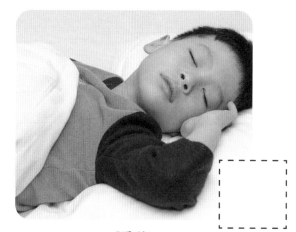

睡覺

觀賞煙花

到公園玩耍

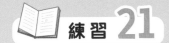
變幻的天氣

晴天和雨天的天氣是怎樣的？這些天氣需要帶什麼出門？
請連一連。

● ●

晴天   雨天

● ●

總結

晴天時，天上會掛起太陽，我們可以戴上太陽眼睛保護眼睛。雨天時，天空會降下雨點，我們可以利用雨傘擋雨。出門前，我們記得留意天氣預報，帶上需要的東西呢！

圖中哪些地方可以獲得天氣的資訊？請把它們圈起來。（提示：共 3 處）

交替的四季

不同的季節有怎樣的景色？請把適當的字詞貼紙貼在 ___ 內。

四季循環不息交替，有着不同的特色和氣候：春天天氣和暖，夏天炎熱、潮濕，秋天天氣清爽、乾燥，冬天天氣寒冷。

以下的物品是什麼？請把圓點由 1 至 20 連起來，然後判斷圖中的物品通常在哪個季節使用，圈出正確的答案。

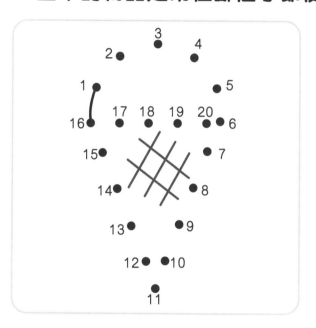

夏天 / 冬天 天氣炎熱，最適合吃 冰淇淋 / 火鍋 。

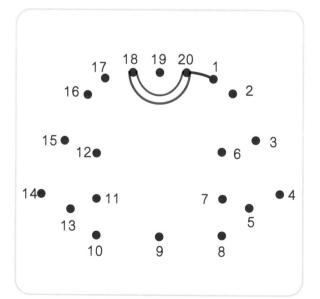

夏天 / 冬天 天氣寒冷，我們要穿 短袖 / 長袖 衣物禦寒。

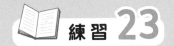
百變衣櫥

以下衣物的名稱是什麼？請把正確的字詞圈起來。

襯衣 / 背心

裙子 / 褲子

手套 / 襪子

毛衣 / 外套

總結

衣物的種類很多，當天氣炎熱時，我們會穿讓我們感到清爽的衣物，例如背心、短褲；當天氣寒冷時，我們會穿可以禦寒的衣物，例如毛衣、圍巾。

我們在炎熱和寒冷的天氣下，分別會穿什麼衣物？請把貼紙貼在適當的位置上。

炎熱天氣

寒冷天氣

1. 我們可以用以下的身體部位做什麼？請連一連。

 ● ●

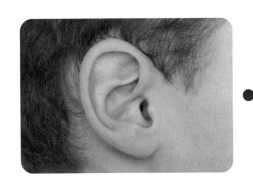 ● ●

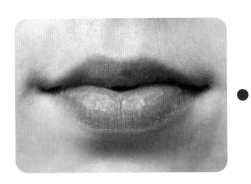 ● ●

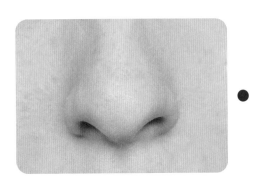 ● ●

2. 以下的孩子有着怎樣的情緒？請把適當的貼紙貼在 [____] 內。

3. 哪些物品能幫助你保持清潔？請圈一圈。

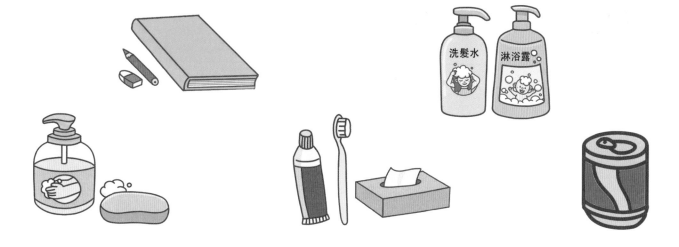

洗髮水　淋浴露

4. 早餐應該吃什麼呢？請把適合作為早餐的食物，在 ☐ 內加 ✓。

5. 圖中的情景有着怎樣的天氣？是晴天的，把 ☼ 填上顏色；是雨天的，把 ☂ 填上顏色。

6. 以下交通工具的名稱是什麼？請把圖片和字詞連一連。

•

• 小巴

•

• 的士

•

• 港鐵

•

• 巴士

親子實驗室

看得見的聲音
連結主題：神奇的五官

聲音是什麼？我們怎樣能發現聲音的蹤影？

💡 想一想

以下哪些東西會發出聲音？

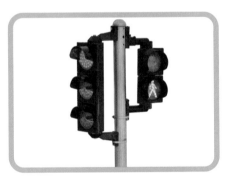

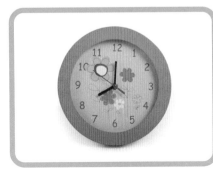

實驗 Start!

 ## 學習目標

☑ 認識聲音如何產生

☑ 認識聲音傳遞的媒介

 ## 準備材料

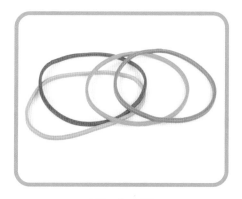

橡皮圈

兩個紙杯

危險物品，請讓
爸媽幫忙！

一根細繩

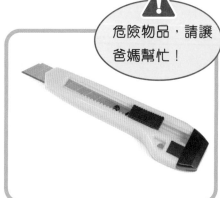

美工刀

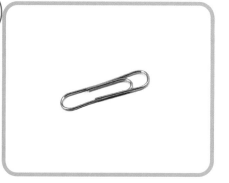

兩個迴紋針

動手做

聲音是如何產生的？

不用拉得太緊，以免受傷！

①

先把橡皮圈剪斷。

②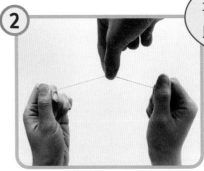

把橡皮圈拉開，然後請爸媽用不同力道拉扯或撥弄橡皮圈。

觀察結果：

橡皮圈在振動，並且(發出／沒有發出)聲響。橡皮圈振動幅度越大，發出的聲音越（大／小）；當振動停止時，聲音亦會（出現／消失）。

聲音是怎樣傳遞的？

①

先用美工刀把兩個紙杯的底部戳一個洞。

②

把細繩兩端各自綁一個迴紋針，然後穿進杯子的洞中並卡住。

觀察結果：

把兩個杯子之間的繩子拉直、拉緊，然後請爸媽對着紙杯講話，在另一個紙杯中(可以／不可以)聽到聲音。

總結 ✏️

從「實驗一」可以得知，物體振動時，它便會發出聲音。
當振動越大，發出的聲音越大；當振動停止時，聲音就
會消失。

從「實驗二」可以得知，除了空氣外，聲音也能透過物
體傳遞。

原來如此！
我明白了！

答案頁

P.12

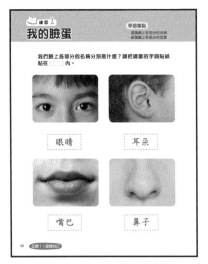

P.13

P.14

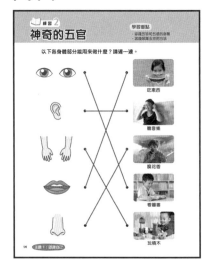

P.15

P.16

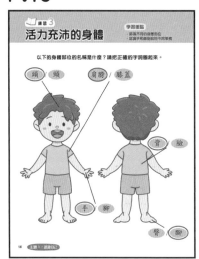

P.17

P.18

P.19

P.20

P.21

P.22

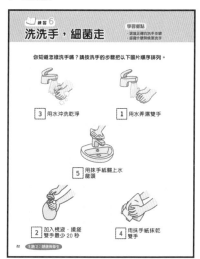

P.23

P.24

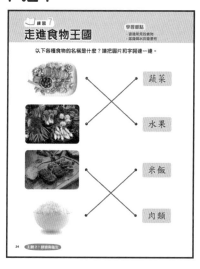

P.25

P.26

P.27

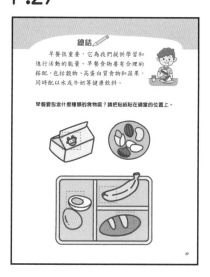

P.28

P.29（答案自由作答）

P.30

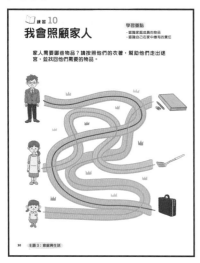

P.31

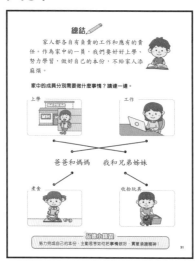

P.32

P.33

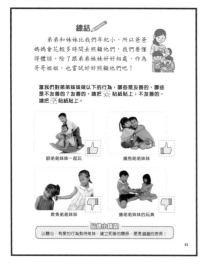

P.34

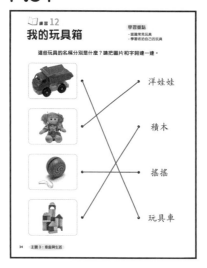

P.35

P.36

P.37

P.38

P.39

P.40

P.41

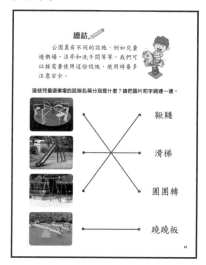

P.42

P.43

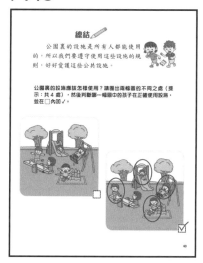

P.44

P.45

P.46

P.47

P.48

P.49

P.50

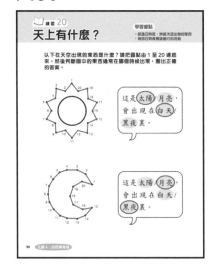

P.51

P.52

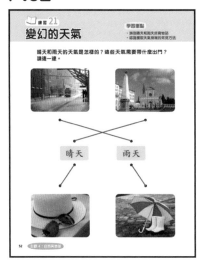

P.53

P.54

P.55

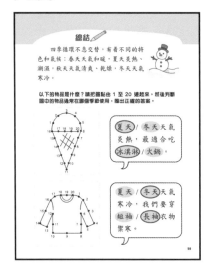

P.56

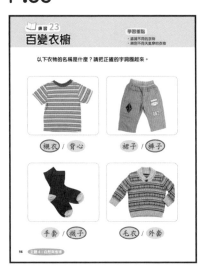

P.57

P.58

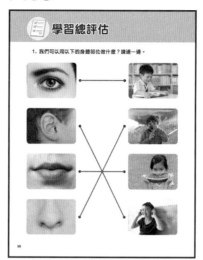

P.59

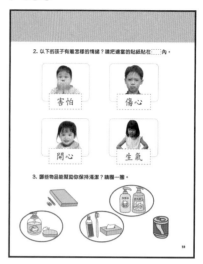

P.60

P.61

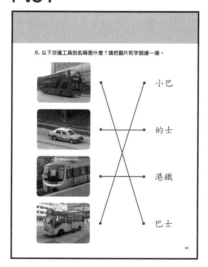

P.64

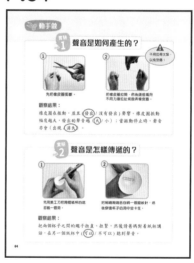

新雅幼稚園常識及綜合科學練習（幼兒班上）

編　　　者：新雅編輯室
繪　　　圖：歐偉澄
責任編輯：黃偲雅
美術設計：徐嘉裕
出　　　版：新雅文化事業有限公司
　　　　　　香港英皇道 499 號北角工業大廈 18 樓
　　　　　　電話：（852）2138 7998
　　　　　　傳真：（852）2597 4003
　　　　　　網址：http://www.sunya.com.hk
　　　　　　電郵：marketing@sunya.com.hk
發　　　行：香港聯合書刊物流有限公司
　　　　　　香港荃灣德士古道220-248號荃灣工業中心16樓
　　　　　　電話：（852）2150 2100
　　　　　　傳真：（852）2407 3062
　　　　　　電郵：info@suplogistics.com.hk
印　　　刷：中華商務彩色印刷有限公司
　　　　　　香港新界大埔汀麗路36號
版　　　次：二〇二四年五月初版

ISBN: 978-962-08-8367-5
© 2024 Sun Ya Publications (HK）Ltd.
18/F, North Point Industrial Building, 499 King's Road, Hong Kong
Published in Hong Kong SAR, China
Printed in China

鳴謝：
本書部分相片來自Pixabay (http://pixabay.com)。
本書部分相片來自Dreamstime（www.dreamstime.com）許可授權使用。

新雅 幼稚園常識及綜合科學練習 幼兒班 上

本系列六大特點：

- 內容由淺入深，幼兒班（K1）至高班（K3）螺旋式組織編排學習內容。
- 七大學習主題，從個人出發，伸展至家庭與學校，以至社區和國家。
- 明確的學習目標，供教師家長作適當引導。
- 課題呼應小學課程框架，銜接小學人文科；設有親子實驗室，銜接小學科學科。
- 附有「品德小錦囊」，配合教育局提倡的價值觀教育。
- 內含趣味貼紙練習，有效提升學習興趣，促進幼兒的手眼協調。

七大學習主題

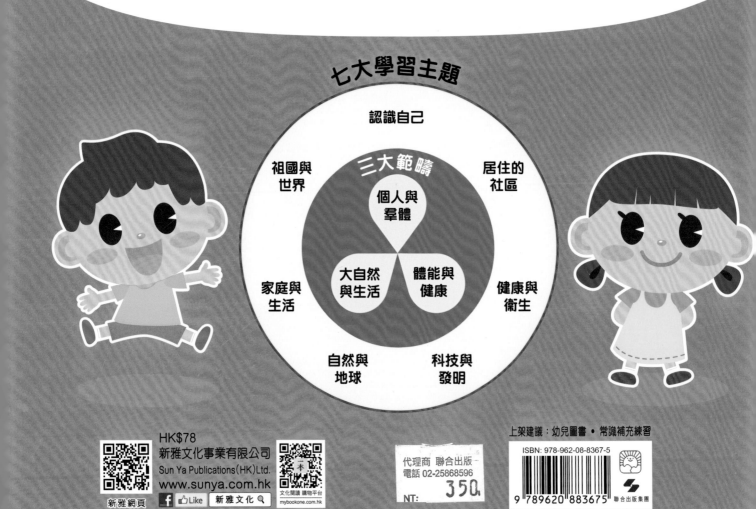

認識自己

祖國與世界

居住的社區

三大範疇

個人與羣體

大自然與生活

體能與健康

家庭與生活

健康與衛生

自然與地球

科技與發明

HK$78
新雅文化事業有限公司
Sun Ya Publications (HK) Ltd.
www.sunya.com.hk
新雅網頁
f Like 新雅文化

本
文化閱讀 購物平台
mybookone.com.hk

代理商 聯合出版
電話 02-25868596
NT: 350

上架建議：幼兒圖書・常識補充練習
ISBN: 978-962-08-8367-5
9 789620 883675
聯合出版集團

幼稚園常識及綜合科學練習

幼兒班 下

連結小學
人文科
和
科學科
讓幼兒打下
穩固學習基礎！